JN222132

はぐくむ
ずかん

つよい!

つよい! いきもの

小宮輝之 監修
（元上野動物園園長）

朝日新聞出版

はじめに

みなさんは　「つよい　いきもの」と　きくと、
どんないきものを　おもいうかべますか？
ライオンや　アフリカゾウ、カブトムシ、
きょうりゅうが　すきなら、ティラノサウルスでしょうか。
せかいには　からだが　おおきい、するどい　きばや　つめが　ある、
どくを　もっているなど、つよくて　かっこいい　いきものが
たくさん　います。
このほんで　いきものの　いろいろな　「つよさ」を　しって、
どんどん　いきものを　すきになってくれると　うれしいです。

かんしゅう
こみや　てるゆき

もくじ

おおむかしの　いきもの

ぼくたち、

つよ

あごの ちからが つよい

ちかづいたら かみつくぞ！

ひとたび　かみついたら
くいちぎるまで
はなしません。

シロサイ（しろさい）

おおきい からだで つよい

ちからいっぱい とっしんだ！

かたく　おおきな　からだで
とっしんして
あいてを　ふっとばします。

いいきもの！

ワニガメ
ピューマ

とびあがる ちからが つよい

きの うえに
にげたって
むださ！

たかいところに　にげた
えものに　ひとっとびで
おいつきます。

とげとげで つよい

グサッと さされると
いたいぞ！

ながさ　30cmにもなる　はりが
からだを　おおい、
あぶないので　ちかよれません。

アフリカタテガミヤマアラシ

グルルルル
うなったり、
おとを　だしたり。
「こっちへ　くるな！」
「おそうぞ！」の
あいずです。
ハイイロオオカミ
ポコポコ
ニシゴリラ
こわがらせる

そらから　きゅうに　おそわれたら、
したに　いる　いきものは
どうすることも
できません。
シャキーン
ベンガルワシミミズク
バッ
からだの　いろを　かえて
あいてを　こわがらせたりします。
じわー
ミノカサゴ
ひれを　めいっぱい　ひろげて、
「どくが　あるぞ！」
「つよいんだぞ！」と
まわりに　みせつけます。
パンサーカメレオン
のは　とくいだよ！

いろいろな

なんども
はえかわる は
えものに　かみついて、
ぬけたり　おれたりしても
だいじょうぶです。
ホホジロザメ
シマスカンク
くさい えき
がまんできないくらい
くさい　においで
てきを　おいはらいます。

ぶきも　ある。

きようなはな

たべものを　さがしたり、
こうげきに　つかったり
できます。

かしこいあたま

よくかんがえて　じょうずに
たべものを　とることが　できます。

チンパンジー

アフリカゾウ

パーフェクト！

かっこよくって

オオアナコンダ

しめつけこうげき!

ダチョウ

そらは　とべませんが、
とても　はやく
はしれます。

アカクモザル

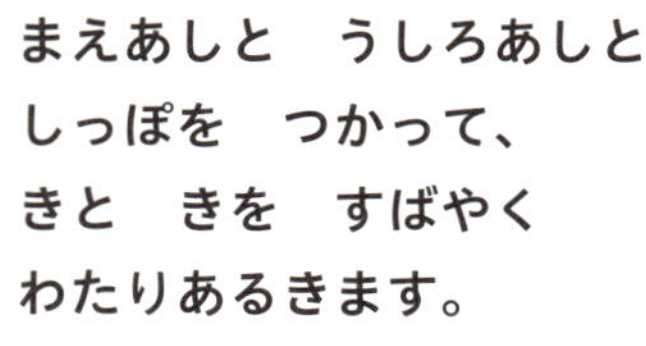

まえあしと　うしろあしと
しっぽを　つかって、
きと　きを　すばやく
わたりあるきます。

みんな

モモイロペリカン

おおきな　ふくろの
ついた　くちばしで、
サカナを　いちどに
たくさん　たべます。

パラシュートのように　とぶ

タイリクモモンガ

とげの　ある　かまで　つかみかかる

カマキリ

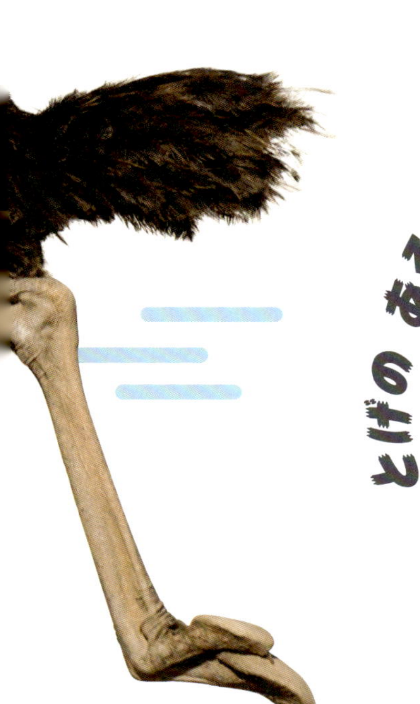

の　あこがれさ！

\ このほんの /

たのしみかた

いきものを　とくちょうごとに　しょうかいしています。
どんなとくちょうが　あるのか　みてみましょう。

なまえ、おおきさ、おもさ、
いのちの　ながさが
かいてあります。
どれくらいの　おおきさなのか
おもいうかべてみましょう。

おおきさの　マーク
おもさの　マーク
いのちの　ながさの　マーク

いきものの　ひみつが
かいてあります。

いきものの　たのしい
クイズです。
こたえは　そのページの
したに　かいてあります。

おうちの方へ

※この本の内容は2024年12月時点のものです。今後変更が生じる場合があります。
※正しくは「アミメキリン」（亜種）のところ本書では「キリン」などのように、お子様でもわかりやすい種類名で記載しています。
※体長・体重・寿命などの数値は編集部で各種文献を調べた平均値で、個体差があります。野生下と飼育下でのデータがある場合、より一般的なほうを採用しています。雌雄で大きく差がある場合を除いて、平均値（あるいは最大値）を記しています。

いきもののおおきさ

いきものの　おおきさは、どこを　はかるかによって　かわります。
このほんでは　つぎの　きまりで　はかっています。

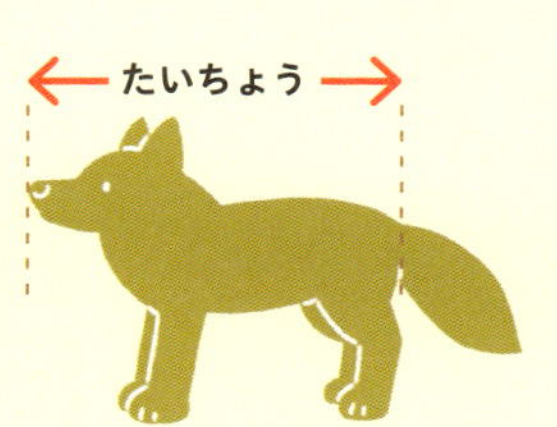

たいちょう

きほんの　はかりかた。
はなの　さきから　しっぽの
つけね（おしり）までの　ながさ。

たいちょう

クジラや　イルカ、サカナの　なかま。

ぜんちょう

ワニや　トカゲ、ヘビの　なかま。

ぜんちょう

トリの　なかま。

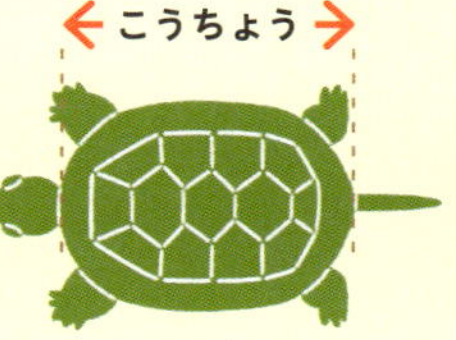

こうちょう
こうちょう

カメや　カニなど、こうらの　ある　いきもの。

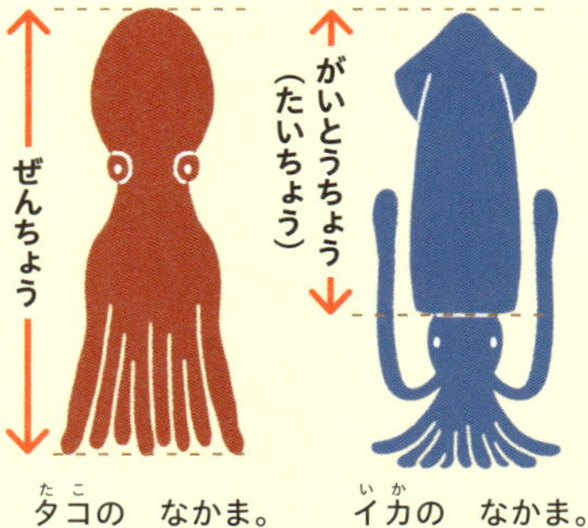

ぜんちょう
がいとうちょう
（たいちょう）

タコの　なかま。　イカの　なかま。

たいちょう

ムシの　なかま。

ぜんちょう

カブトムシや
クワガタムシなど、
つのや　おおあごが
ある　ムシ。

●べつの　ところの　おおきさを　はかっていることも　あります。

つばさをひろげた
ながさ

トリの　なかま。

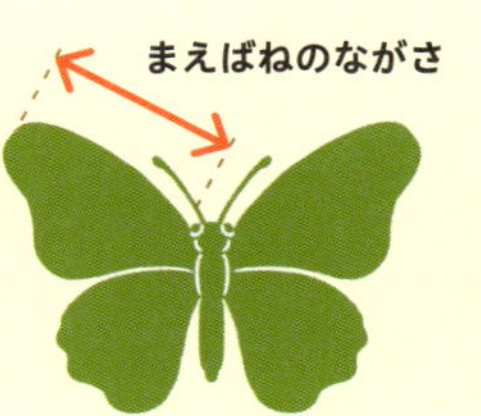

まえばねのながさ

チョウの　なかま。

ちょっけい

クラゲや　イソギンチャクなどを
うえから　みたときの　ながさ。

かたまでのたかさ

あしのうらから　かたまでの
たかさ。

あたままでのたかさ

あしのうらから
あたままでの　たかさ。

1 おおきいからだ！

おおきい　からだは、ほかの　いきものを　こわがらせ
きょうりょくな　たいあたりをすることも　できます。

シロナガスクジラ

25～33m　110t　100ねん

せかいで　いちばん　おおきな　いきものです。
ちいさな　むれか、ひとりきりで　せかいじゅうの
うみを　たびしています。おおきな　くちを　あけて
サカナの　むれに　とっしんして　のみこみます。

プシュー

あたまの
てっぺんに　ある
はなから
しおを　ふく

おおきく　ふくらむ
したあご

おおきな
むなびれ

したの　あごに
しまもようが
あるよ！

あたまの
かたちが
しかくだね

あぶらの
はいった
おもたい
あたま

マッコウクジラ

15～20m　40t　70ねん

おおきな　あたまを　おもりにして、
うみの　ふかいところまで　もぐります。
1じかんくらい　もぐって　いられます。
とがった　はで　イカを　つかまえて　たべます。

したあごだけに
はえた　は

おおがたバスと
くらべると……

12m

クジラの　なかまは　2しゅるい

クジラの　なかまには、とがった　はが　はえている　ハクジラと、はの　かわりに　ひげが　いたになった「ひげいた」を　もつ　ヒゲクジラが　います。ヒゲクジラは　うみの　みずと　いっしょに　えものを　のみこみ、ひげいたで　こしとって　たべます。

ヒゲクジラの　くち

ハクジラの　くち

ブン
しっかり　ものを
つかめる　ながい　はな
ずっしりと
おもい　からだ
やわらかくて　たいらな
あしのうら
あたまの
てっぺんに
こぶが　2つ

アフリカゾウ

かたまでのたかさ 3m
4～7t　65ねん

りくに　すむ、いちばん　おおきな　いきものです。
ながい　はなで　てきを　けちらしたり、
あしで　ふみつけたりします。

アジアゾウ

かたまでのたかさ 2.5m
5t（オス）/ 2～3t（メス）　50ねん

アフリカゾウより
すこし　ちいさいです。
ちからが　つよく、おもいものを
はこぶのが　とくいです。

ひふに
つつまれた
つの
せが　たかいから
とおくまで
みわたせるね
バチン

キリン

あたままでのたかさ 6m
550kg～1.9t　20～25ねん

せかいで　いちばん　せが　たかい
いきものです。メスを　めぐって、
オスどうしで　はげしく
くびを　ぶつけあい、たたかいます。

にんげんと
くらべると……
てきを
ふっとばす
うしろげり
171cm

くろい　した

キリンは　きの　たかいところに
ある　はっぱを、ながい　したで
まきとって　たべます。1にちに
なんども　したを　のばすので、
たいようの　ひかりで　ひやけし
ないように、したの　いろが　く
ろくなっています。

ジャイアントパンダ

1.2～1.9m
75～160kg　20ねん

しろくろもようの、クマの　なかまです。てきから　みを　まもるために、おおきなからだで　すばやく　きに　のぼったり、ちからづよい　あごで　かみついたりします。

きから　おちても
へっちゃらな　からだ

クイズ　ジャイアントパンダがすきなのは
あたたかいところ？
さむいところ？
こたえはこのページのしただよ

きようなまえあし

ジャイアントパンダの　まえあしには、5ほんの　ゆびと、こぶのような２つの　でっぱりが　あります。これらを　つかい、たけを　しっかり　にぎって　たべることが　できます。

きんにくしつな
まるい　かお
ぎゅっ

クイズのこたえ：さむいところ

ホッキョクグマ

3m（オス）

350〜800kg（オス）　15〜18ねん

せかいで　いちばん　おおきな
クマです。さむい　ほっきょくに
すんでいます。およぎが　とくいで、
ういた　こおりに　かくれながら
アザラシを　おそいます。

ぶあつい
けがわに
おおわれた
からだ

ゆきみたいに
まっしろ！

のしのし

ヒグマ

1.3〜2m

120〜350kg（オス）　20〜30ねん

きのみや　ムシ、サカナなど、
いろいろなものを　たべます。
きを　たおしたり、いわを　うごかしたり
できるほど　ちからもちです。

えものを　ひきさく
するどい　つめ

とおくの
においも
かぎわける
はな

ガブリ

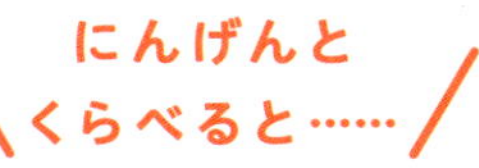
にんげんと
くらべると……

158cm

グオオオオ
ゾウのように
ぶらさがった　はな
はげしい
たいあたりをする、
じょうぶな　からだ
からだも
はなも
おおきい！

ミナミゾウアザラシ

さいだい6m（オス）　5t（オス）　15ねん（オス）

せかいで　いちばん　おおきな
アザラシです。はなを　ふくらませて
おおきな　おとを　たて、あいてを
おどかします。たいあたりしたり、
かみついたりして　たたかいます。

けが　みじかく
ぶあつい　ひふ

トド

さいだい3.3m（オス）
570kg（オス）　20ねん（オス）

アシカの　なかまで　いちばん
おおきいです。オスは　くびまわりが
とても　ふといです。

けで　できた　つの

サイの　つのは　けが　あつまって　かたまったものです。しぬまで　のびつづけます。なかまどうしで　つのを　つきあわせて　たたかったり、きに　こすりつけたりするので、ながさや　かたちは　サイによって　ちがいます。

シロサイ

3.3～4.2m
2～3.6t（オス）　40～50ねん

りくで、ゾウの　つぎに
おおきい　いきものです。
つのを　つきだし、てきに
とっしんして　たたかいます。

クイズ
こどもの　サイにも
つのは　ある？　ない？
こたえはこのページのしただよ
おおきな
2ほんの　つの
よろいのように
かたい　ひふ

アメリカバイソン

2～3.5m
500kg～1t　18～22ねん

ウシの　なかまで、
「バッファロー」とも　よばれます。
メスを　めぐり、オスどうしが
するどい　つのを　つきあわせ、
ぶつかりあいます。

もりあがった　かた

クイズのこたえ：ない

ほっぺに
でっぱりが
あるね

めの　したの
おおきな
こぶ

とがった
きば

モリイノシシ

1.3～2.1m　130～275kg

おでこの　たいらな　ところを
ぶつけて、ずつきします。
めの　したの　こぶは、
きばから　かおを　まもるものと
かんがえられています。

くるまより　たかい　かた

てのひらのような
かたちの　つの

ヘラジカ

2.4～3.1m
200～830kg　15～25ねん

せかいで　いちばん　おおきな
シカです。へらのように　ひらたく
おおきな　つのを
つきあわせて　たたかいます。

ばしょによって　ちがう　よびな

ヘラジカは、ヨーロッパでは
「エルク」と　よばれ、きた
アメリカでは　「ムース」と
よばれます。

かんむりの
ような
はね

オウギワシ

つばさをひろげたながさ 2m
4～5kg（オス） 10ねん

とても　おおきな　ワシです。
サルや　ナマケモノ、イグアナを
つかまえて　たべます。

ブラーン
うしろあしの
かぎづめで
ぶらさがる

ながい　ゆび

「ひまく」という
うすい　ひふ

インドオオコウモリ

19cm　900g～1.6kg　10ねん

おおきな　コウモリの　なかまです。
じょうぶな　かぎづめで　きに
ぶらさがり、とびおりるときに
つばさを　ひろげて　とんでいきます。

クイズ
オオコウモリの　なかまは
どうやって　うんちや
おしっこをするかな？
こたえはこのページのしただよ

けが
ゴワゴワ
してる！

カピバラ

1.06～1.34m
35～66kg　5～10ねん

せかいで　いちばん
おおきな　ネズミです。
およぐのが　じょうずで、
てきが　くると
みずの　なかに　にげます。

ゆびの　あいだに
「みずかき」が
ある

クイズのこたえ：あたまが　うえになるよう　むきを　かえて、ぶらさがってするよ。

こぶのように
つきでた
おでこ
ぶあつい　くちびる

かおの
もようが
ふしぎだね！

ナポレオンフィッシュ

2m　30ねん

ベラという　サカナの　なかまで　いちばん　おおきいです。
くちを　おおきく　あけて　まえに　のばし、
えものを　つかまえて　たべます。

めの　よこの　せん

ナポレオンフィッシュは、めの
よこの　くろい　せんが　めがね
を　かけているように　みえるの
で「メガネモチノウオ」とも
よばれます。

クイズ　ダイオウイカは
たべられる？
こたえはこのページのしただよ

ダイオウイカ

1.8m　3ねん

とても　おおきな　イカです。
おおきな　きゅうばんが　ある
うでで、えものを　がっちり
つかんで　たべます。

ふとい　うで

サッカーボールくらいの
おおきな　め

クイズのこたえ：たべられる。だけど、あまり　おいしくないよ。

おおきな　うろこ

したに　こまかい
とげが　ある

ピラルクー

2～4.5m　20ねん

せかいで　いちばん　おおきな
かわの　サカナです。
おおきな　くちで　えものを
つかまえ、したで　すりつぶして
たべます。

ザパアッ

オオサンショウウオ

50～80cm
6～9kg　60ねん

みずの　なかの
いわあなに　かくれ、
サカナや　サワガニに
おそいかかります。

サカナではない

オオサンショウウオは　ウオと　ついていますが、サカナではなく、カエルやイモリなどの　みずの　ちかくで　くらす　いきものの　なかまです。

あたまが
おおきいね！

まぶたのない　ちいさな　め

たまごから　うまれた　こどもの　ムシを　「ようちゅう」、
ようちゅうから　おとなになった　ムシを　「せいちゅう」と　よびます。

かたい
まえばね
じょうぶな
2ほんの　つの

ヘラクレスオオカブト

17cm（オス）
せいちゅうご1ねん

せかいで　いちばん　おおきな
カブトムシです。
ながい　つのと　みじかい　つので
あいてを　はさんで、なげとばします。

ながい　おおあご

ギラファノコギリクワガタの「ギラファ」は　キリン
という　いみです。ながい　おおあごが　キリンの　く
びのように　みえるので、このなまえが　つきました。

クイズ
ヘラクレスオオカブトの
つのの　けは
どんなやくわりを　もつ？
こたえはこのページのしただよ

つよい　ちからで
はさむ　おおあご

ギラファノコギリクワガタ

11.8cm（オス）　せいちゅうご1ねん

せかいで　いちばん　おおきな
クワガタムシです。
のこぎりのような　ギザギザの
おおあごで、あいてを　はさんで
もちあげます。

クイズのこたえ：あいてを　はさむときの　すべりどめ

アレクサンドラトリバネアゲハ

まえばねのながさ 10～13cm

せかいで　いちばん　おおきな
チョウです。ハイビスカスの
はなの　ミツを　すいます。
ようちゅうも　ながさ　12cmと
とても　おおきいです。

＼ペットボトルの　キャップと　くらべると……／

あざやかな
はねだね！

ヨナグニサン

まえばねのながさ 10～13cm
せいちゅうご 4～9にち

にほんで　いちばん　おおきな　ガで、
せかいの　ガと　くらべても
おおきいです。ようちゅうのうちに
たくわえた　えいようを　つかって、
おおきな　からだを　うごかします。

ショウリョウバッタ

5cm（オス）/ 8cm（メス）　せいちゅうご 4～5かげつ

おおきく　ほそながい　からだを　もつ
バッタです。からだが　おおきいぶん、
いちどに　とおくまで　とべませんが
しげみの　なかを
じょうずに　いどうします。

ながい
うしろあし

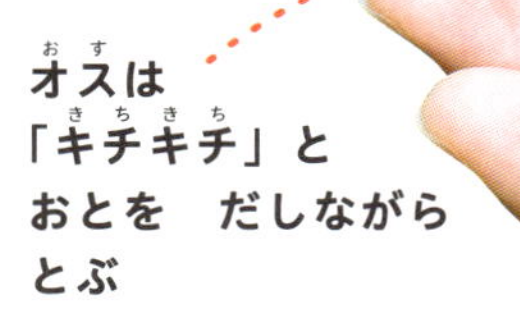
オスは
「キチキチ」と
おとを　だしながら
とぶ

2 するどいは！

いきものを　おそって　にくを　かみちぎったり、
はを　むきだして　てきを　こわがらせたりします。

オスの　たてがみは
つよさの　しるし

むしゃ
むしゃ

ライオン

1.7～3m（オス）　150～250kg（オス）
8～10ねん（オス）

「ひゃくじゅうの　おう」と　よばれています。
なかまと　きょうりょくして　ほかの　いきものを
おそい、くびに　かみついて　つかまえます。

てきと
たたかうための　きば

むれを　つくって　くらす

ライオンは　オス　1～3とう、メス　10
～12とうと　そのこどもで　「プライド」
という　むれを　つくって　くらします。
むれに　はいれるのは　つよい　オスだけ。
けが　ながく、いろが　こい　たてがみを
もつ　オスほど　つよいとされています。

ガオー

トラ

1.5～3m　180～310kg（オス）/ 80～160kg（メス）　10～15ねん

しまもようが　めだちにくい
もりに　すんでいます。
きや　くさに　かくれ、
ほかの　いきものが　きたら
いきおいよく　とびだして、
するどい　はで　かみつきます。

ながく
するどい　きば

きいろと
くろいろの
しまもようが
おしゃれだね！

しずかな
あしおと

いろいろな　トラ

トラは、すんでいる　ところに　よって　6つくらいの　しゅるいが　います。いちばん　おおきいのは　アムールトラ、いちばん　ちいさいのは　スマトラトラです。さむいところに　いる　トラほど　からだが　おおきくなります。

コヨーテ

70cm～1m　9～20kg　10ねん

オオカミに　にていますが、からだが
ちいさいです。オスと　メスの　ペアか、
なかまと　いっしょに　えものを
おいかけます。

グルルル

ハイイロオオカミ

82cm～1.6m
18～80kg　5～10ねん

かぞくで　「パック」という　むれを
つくって　ヘラジカや　トナカイを
おそいます。てきが　きたときは
はを　むきだして
うなります。

クイズ
「ワオーン」と　ながく
なく、とおぼえは
なんのため？
こたえはこのページのしただよ

おおきく
ひらく　くち

アカギツネ

50～90cm　4～10kg　3～4ねん

ピョンと　とびあがって、
ウサギや　ネズミを　つかまえて
たべます。

バランスを　とる　しっぽ

クイズのこたえ：はなれた　ばしょに　いる　なかまに　じぶんの　いばしょを　しらせるためだよ。

フォッサ

60～80 cm
9～20 kg　15 ねん

マダガスカルとうで
いちばん　おおきな
にくしょくの
いきものです。
するどい　きばや
つめで　キツネザルに
おそいかかります。

マダガスカルとう

ちいさな　しまで、とても　あついです。このしまには、ワオキツネザルや　アイアイ、ベローシファカ　という　めずらしい　どうぶつが　います。

ラーテル

60～80 cm
7～13 kg　7～8 ねん

ハチのすを　こわして　ミツを　たべます。
じぶんより　おおきな　あいてにも
おそれずに　たちむかうので、
「せかいいち　こわいものしらずの　どうぶつ」
として　しられています。

ブチハイエナ

95 cm ～1.8 m
40～85 kg　20 ねん

ほかの　にくしょくの　いきものが
のこした　にくを　たべます。
じょうぶな　はで
ほねまで　かみくだきます。

あごの　ちからも
つよい
バリ
ボリ

ガブーーッ

さんかくで
ギザギザの　は

つかまったら
ひとたまりも
ない！

ホホジロザメ

5.5～8m　40～70ねん

300ぽんも　ある　するどい　はで
えものに　かみつきます。
にんげんを　おそうことも　あります。

クイズ
ホホジロザメの
はだは　どんな
さわりごこち？
こたえはこのページのしただよ

まっすぐ
およぐための
おおきな　せびれ

はが　なんどでも　はえかわる

においを　かぐ　ちから

ホホジロザメの　はなは、においを　かぐ
ちからが　すごいです。ひろい　うみに　1
てき　ちを　たらしただけで、そのにおいを
かぎつけて　やってきます。

クイズのこたえ：やすりのように　ざらざらしているよ。

クイズ
せびれが
ながい　シャチは
オス？　メス？
こたえはこのページのしただよ

シャチ

5.7～8m　5.5t（オス）/ 3.6t（メス）
29ねん（オス）/ 50ねん（メス）

むれで　アシカや　アザラシ、
クジラを　おそって　たべます。
ときには、なみうちぎわまで
しつこく　えものを　おいかけます。

にくを　かみちぎるのに　むいている　は

ねじれながら
はえている　きば

シャキーン

イッカク

4～4.7m　800kg～1.6t　25～50ねん

クジラの　なかまです。
オスは　3mもの　ながい　きばが
あたまから　つきでています。
メスを　めぐって、オスどうしで
きばの　ながさを　きそいます。

クイズのこたえ：オス

ピラニアナッテリー

30cm　5～10ねん

ちの　においを　かぐと、こうふんして
むれで　おそいかかります。
にんげんの　ゆびを　くいちぎるほど
かむ　ちからが　つよいです。

かみそりのように
するどい　は

うろこが
キラキラして
きれいだね

ウツボ

80cm
40ねん

いわばの　かげに　かくれ、ちかづいてきた
えものを　すばやく　つかまえます。
くちを　おおきく　あけて
てきを　こわがらせることも　あります。

ほそく　とがった
たくさんの　は

くちは　めの
うしろまで　ひらく

ヌメヌメしている

ウツボの　からだは　ヌメヌメした　えきで　おおわれています。このえきの　おかげで、りくの　うえでも　30ぷんくらいは　いきが　できます。

オオカワウソ

85cm～1.4m
22～34kg　10ねん

かぞくで　むれを　つくり、みずの　ちかくで　くらしています。サカナを　つかまえたら、あたまから　かぶりつきます。

ガジガジ
たべている　ときの　かおが　こわい！
しっかり　つかめる　きような　まえあし

えものに　かみついて　ふりまわす

ヒョウアザラシ

さいだい3.2m（オス）／さいだい3.6m（メス）
270～450kg　26ねん

およぐのが　はやく、すばやい　ペンギンを　つかまえて　たべます。

おとなの　おやゆびより　すこし　ながいくらいの　きば

マンドリル

81cm（オス）
27kg（オス）　20ねん

てきや　なかまの　マンドリルを　こわがらせるために、くちを　おおきく　あけて　きばを　むきだします。

3 するどいつめ！

するどい　つめは、えものを　おさえつけたり、
とおくへ　はこんだりするのに　やくだちます。

ハクトウワシ

つばさをひろげたながさ 1.68～2.44m
3～6.3kg　20～30ねん

つばさが　とても　おおきな　ワシです。
するどい　つめの　ある　ちからづよい
あしの　ゆびで、サカナや　ほかの　トリを
つかまえます。しんだ　いきものを
すに　もちかえることも　あります。

おおきな　す

ハクトウワシは　たまごを　うむ　じきになると、まいとし　おなじ　すにもどります。そのたびに　すの　ざいりょうを　つけたすので、すは　どんどん　おおきく、おもたくなります。

えものの　にくを
しっかりと　つかむ
かぎづめ

カンムリクマタカ

つばさをひろげたながさ 1.63～1.8m
2.6～4.1kg（オス）/ 3.2～4.7kg（メス）　15ねん

するどい　かぎづめで、じぶんの　たいじゅうより
ずっと　おもい　えものを　とらえます。
にんげんを　おそうことも　あります。

ピーヒョロロロ
おとさないように
りょうあしで
がっちり　つかむ

トビ

つばさをひろげたながさ 1.5～1.6m
660g～1.1kg　20～30ねん

ほとんど　はばたかず、かぜに　のって　そらに
まいあがります。やまや　うみの　ちかくを　とび、
えものを　みつけたら、すばやく　ちかづいて　とらえます。

とびおりる　はやさは
しんかんせんより　はやい

つかまりそう！
だいピンチ！
あしの　ゆびを
しっかり　ひらいて
えものを　つかまえる

ハヤブサ

つばさをひろげたながさ 80cm～1.2m
500g～1.5kg　12～16ねん

かいがんの　がけから　とびだし、
ちいさな　トリを　ねらいます。
つばさを　たたんで　まっさかさまに　とびおり、
えものを　するどい　つめで　とらえます。

おおきく　ひらく　あしの　ゆび

クイズ

ミミズクと
フクロウの
ちがいは？

こたえはこのページのしただよ

よるでも
よくみえる　め

ベンガルワシミミズク

つばさをひろげたながさ 1.52～1.8m

2.7kg　10～30ねん

よるに　かつどうする、おおきな　フクロウの
なかまです。おとを　たてずに　はばたいて
えものに　ちかづき、するどい　つめで
しっかりと　つかんで　とらえます。

たべたものを　はきだす

フクロウの　なかまは　えものを
まるのみして　たべます。しばら
くすると、くちから　くろっぽい
かたまりを　はきだします。これ
は、えいように　ならない　けや
ほねなどが　まとまったもので、
「ペリット」と　いいます。

クイズのこたえ：みみのような　はねが　あると　ミミズク、
ないと　フクロウと　よぶよ。

かたい　つめが
ある　あしの　ゆび

ヒクイドリ

1.3～1.7m
44kg　50～60ねん

あしの　ちからが　とても　つよく、
たたかうときは、とびげりをして
するどい　つめで　にくを　ひきさきます。
「せかいいち　きけんな　トリ」として
しられています。

くびが
きれいな
いろ！

アライグマ

40～60cm
6～10kg　5～8ねん

みずの　ちかくで　カエルや　サカナ、
カイを　とって　たべます。
きけんを　かんじると、
つめで　ひっかいたり、かみついたりします。

グリーンイグアナ

2m
1.2～3kg　10～15ねん

ながい　じかん、かわの
ちかくの　きの　うえで
すごします。するどい
かぎづめは　きに
のぼるのに　やくだちます。
てきが　ちかづくと
かわに　とびこんで
にげます。

きに　ひっかかりやすい
するどい　つめ

4 つよいあご！

あごの　きんにくが　つよい　いきものは、えものに
かみついたり、かたいものを　こまかく　かみくだいたりできます。

おおきな
えものも
すっぽり！
ぬけても　すぐに
はえかわる　は

イリエワニ

7m　200kg～1.1t（オス）　70ねん

えものに　しっかりと　かみつき、からだを　かいてんさせて　にくを
ひきさきます。せいかくが　あらく、おおきな　いきものも　たべます。

ガバッ
カパー

カバ

3～5m
1～4.5t　30ねん

かむ　ちからが　とても　つよく、
スイカも　まるごと　かみくだけます。
オスは、くちを　あけて　どちらが
おおきく　ひらくか　くらべます。

アメリカビーバー

60～80cm　12～25kg　10～15ねん

はが　じょうぶで、
かむ　ちからも　つよいです。
おおきな　きを　かじって　たおし、
かわを　せきとめて　ダムを　つくります。

ながい　じかん
かじりつづけられる
あご

しっぽで　きけんを　つたえる

ビーバーの　なかまは、たいらで　おおきな　しっぽを　もっています。きけんを　かんじると、しっぽを　かわに　うちつけて　おとを　だし、なかまに　しらせます。

こうらも
かおも
とげとげで
こわい！

ワニガメ

さいだい80cm
さいだい113kg　50～100ねん

かわに　すむ、
おおきな　カメです。
みずの　なかで　くちを
あけたまま　したを
うごかし、おびきよせられた
サカナを　すばやく　たべます。

にんげんの　ゆびを
くいちぎるほどの
つよい　あご
ミミズのような　した

オオクワガタ

7.5cm（オス）
せいちゅうご 2～3ねん

きの　しるを　めぐって、カブトムシや
なかまの　クワガタムシと　たたかいます。
はさみのような　おおあごで
あいてを　はさんで
なげとばします。

ひらたい　からだは
せまいところにも
はいれる
オスの　おおきな
つよい　あご

シロスジカミキリ

4.4～5.5cm　せいちゅうご 3しゅうかん～1かげつ

ようちゅうは　きの　なかで　きを　たべて
そだち、せいちゅうになると　つよい　あごで
きを　かみくだいて　そとに　でてきます。

テッポウムシ

ようちゅうが　たべすすめて　あいた　きの　あなが、てっぽうで　うたれたように　みえるので　カミキリムシの　ようちゅうは「テッポウムシ」とも　よばれます。

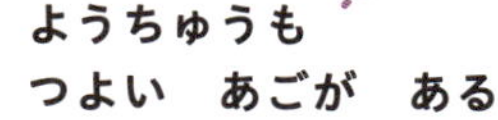

ようちゅうも
つよい　あごが　ある

うじゃ
うじゃ

へいたいアリ
どくばりの　ある
おしり
あたまより
おおきい
するどい　あご
はたらきアリ

バーチェルグンタイアリ

1.2cm（へいたいアリ）

すを　つくらず、たくさんの　なかまと　ジャングルを
いどうしながら　くらします。とちゅうに　いる
どんないきものも、たいぐんで
おそいかかって　たべてしまいます。

クイズ
グンタイアリが
いどうするとき、
ようちゅうや　たまごは
どうやって　はこぶ？
こたえはこのページのしただよ

はやく
とぶための
きんにくが
つまった　むね

えものを　しっかり　つかむ
とげとげの　あし

バリバリバリ

オニヤンマ

9.5～10cm
1～2かげつ

にほんで　いちばん　おおきな　トンボです。とんでいる
ほかの　ムシを　つかまえて、つよい　あごで　ひきちぎって
たべます。スズメバチを　おそうことも　あります。

クイズのこたえ：はたらきアリが　くわえて　はこぶよ。

5 つよいどく！

どくを　もつ　いきものは、どくで　えものを　うごけなくしたり、じぶんの　みを　まもったりします。

キングコブラ

4～5.5m　さいだい9kg　15～20ねん

からだに　どくを　たくさん　ためられるので、いちどに　たくさんの　どくを　つかえます。にんげんなら　20にん、ゾウなら　1とうを　ころせる　りょうです。

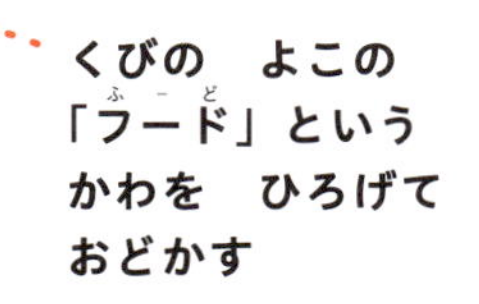

くびの　よこの「フード」という　かわを　ひろげて　おどかす

ピュ〜〜

クイズ

キングコブラは　せかいで　いちばん　おおきな　どくヘビ。○か×か？

こたえはこのページのしただよ

たたかいの　おどり

おとなの　オスの　ヘビは、こどもを　つくる　じきに　なると　メスを　めぐって　たたかいます。2ひきの　オスが　ねじれるようにして　からだを　からませあい、あいてを　おさえつけようとします。そのようすは「コンバットダンス」と　よばれます。

ダイヤモンドがたの　もようだよ！

ガラガラと　おとが　なる「だっぴがら」

ニシダイヤガラガラヘビ

50cm～2m　10～20ねん

しっぽの　さきの　だっぴがらを　ならし、あいてを　こわがらせます。
えものに　すばやく　かみついて　どくを　ながしこみ、うごけなくなったら　まるのみします。

クイズのこたえ：○

アカエイ

90cm
15ねん

うみの　そこに　いて、てきが　ちかづくと
しっぽの　つけねに　ある　どくの
とげで　さします。とげは　ギザギザしていて、
さされると　なかなか
ぬけません。

うみの　そこに
じっと　かくれる

するどい
どくの　とげ

かみのけ
みたいに
さらさら

アカクラゲ

ちょっけい9〜15cm
7かげつ

かさの　ふちから　のびている　「しょくしゅ」には、
どくばりが　たくさん　あります。
どくが　つよく、さされると　とても　いたみます。

クラゲの　およぎかた

クラゲは　うみの　そこに　しずみそうに
なると、かさを　ひらいたり　とじたりし
て　うきあがるくらいしか　できません。
かさの　ひょうめんに　こまかい　けが
くしのように　ならび、それを　うごかし
て　およぐ　なかまも　います。

かさを　とじたり
ひらいたりして
およぐ　ミズクラゲ

かさの　こまかい
けを　うごかして
およぐ　ウリクラゲ

トラフグ

70cm　10ねん

どくの　ある　カイや
ヒトデを　たべて、
からだの　なかに
とても　つよい　どくを
ためこみます。
まちがえた　ちょうりで　たべて
しんでしまう　にんげんも　います。

プクッ

こまかい　とげが　ある　からだ

おおきく　ふくれて
おどかす

クイズ
どくの　ある
トラフグを　たべようとする
サカナは？
こたえはこのページのしただよ

つよい　どくを　もつ
するどい　せびれ

ひれが
ヒラヒラして
リボンみたい

ミノカサゴ

30cm　7〜15ねん

てきが　ちかづくと　ひれを
おおきく　ひろげて　こわがらせます。
せびれの　とげに
つよい　どくが　あります。

スナイソギンチャク

ちょっけい 15〜20cm

どくばりの　ある
しょくしゅを　ひろげて、
ちかづいてきた　サカナを
どくで　うごけなくして　たべます。

クイズのこたえ：どくに　たえられる　ほかの　フグだよ。

コモドオオトカゲ

2〜3m
140kg　30ねん

ほかの　トカゲや　ヘビ、
おおきな　いきものに　かみついて、
どくを　ながしこみます。
かまれた　いきものは　ちが
ながれつづけて　しんでしまいます。

ちの　においを
びんかんに
かぎつける
ちを　かたまりにくくする　どく

みみの　うしろから
どくを　だす
じわ〜

オオヒキガエル

9〜13cm
10〜15ねん

みみの　うしろの　おおきな　こぶから
どくを　だします。
このどくが　めに　はいると、
めが　みえなくなることが　あります。

あかるい
きいろが
きれいだね！

キイロヤドクガエル

5〜6cm
10ねん

ひふから　どくを　だして　みを　まもります。
1ぴきが　だす　どくは　にんげんの　おとな
10にんが　しんでしまう　りょうです。

シャキン

メスだけが　もつ
するどい　どくばり

てづくり　にくだんご

スズメバチは　とらえた　えものを　あごで　よくかみくだき、まえあしで　まるめて　にくだんごにします。それを　すに　もちかえり、ようちゅうの　えさにします。

オオスズメバチ

2.7～3.9cm（オス）/ 3.7～4.4cm（じょおう）
3～4かげつ（オス）/ 1ねん（じょおう）

てきが　すに　ちかづいてくると、
あごを　カチカチと　ならして　おどかします。
それでも　てきが　にげないと、
どくばりを　なんども
さして　こうげきします。

クイズ
セアカゴケグモの
オスと　メス、どくが
つよいのは　どっち？
こたえはこのページのしただよ

セアカゴケグモ

5～6mm（オス）/ 8mm～1.2cm（メス）
6～7かげつ（オス）/ 2～3ねん（メス）

おとなしい　せいかくですが、
きけんを　かんじると
かんで　どくを　ながしこみます。

クイズのこたえ：メス。オスは　どくを　もっていません。

そりかえった
どくばり

オブトサソリ

5～10cm

おともなく　えものに　ちかづき、
しっぽの　さきの　どくばりを　さして
しとめます。どくばりを　ふりあげて
てきを　こわがらせ、
みを　まもります。

トビズムカデ

8～15cm
6～7ねん

おおきな　あごのような　とがった
どくの　つめが　2ほん　あります。
「しょっかく」で　えものを　さがして、
どくの　つめで　きずつけて　よわらせます。

あたまの　そばに
どくの　つめを
もつ
あしが
うじゃうじゃ！
えものを
さがす
しょっかく

クイズ
トビズムカデの
あしは　なんぼん？
こたえはこのページのしただよ

ナナホシテントウ

5～9mm
せいちゅうご2かげつ

てきに　おそわれると、あしを　まげて
きいろい　しるを　だします。
とても　にがいので、
てきは　いやがって　たべません。

クロリン

ちで　できた
にがい　しる

クイズのこたえ：42ほん

6 ちからがつよい！

ぶつかったり　たたいたり　けったりする　ちからが　つよい
いきものたち。そのおおくは　からだが　おおきいです。

モーッ

ぬのの　うごきに　こうふんして
とっしんする

ムルシアン

かたまでのたかさ 1.46m（オス）
750kg（オス）

「モルーチョ」とも　よばれる、からだの
おおきな　ウシです。ちからが　つよく、
ウシと　にんげんが　たたかう　「とうぎゅう」
という　スポーツで　かつやくします。

むねの
きんにくが
ムキムキだ！

ペルシュロン

かたまでのたかさ 1.6～1.7m　1t

ちからもちで　おとなしい　ウマです。
じどうしゃが　できるまで、
ばしゃを　ひく　ウマとして
せかいじゅうで　かつやくしていました。

ペットの　ウマ

「ファラベラ」という　おおきい　イヌくらいの　おおきさの　ウマが　います。からだが　ちいさく、ひとなつっこいので、ペットとして　にんきが　あります。

せまいところを　とおりやすい
ほそめの　からだ
ちからづよく　はしれる
かたい　ひづめ

ニホンイノシシ

1.2～1.5m
100kg　5～7ねん

やまに　すんでいて、きと　きの　あいだや
しげみの　なかを　じょうずに　かけぬけます。
みの　きけんを　かんじると
ちからづよく　とっしんします。

クイズ
ニホンイノシシの
こどもは
なんて　よぶ？
こたえはこのページのしただよ

ニシゴリラ

1.8m（オス）　140kg（オス）
30～35ねん

うでの　ちからや　てを　にぎる
ちからが　にんげんの　10ばいです。
けんかにならないように、
むねを　たたいて　おとを　だし、
あいてを　こわがらせます。

うでが
とっても
ふとい！

むねを　たたいて
おとを　だす
「ドラミング」

ポコ
ポコ

せなかが　しろくなる

ゴリラの　オスは、おとなにな
ると　せなかの　けが　しろく
なり、「シルバーバック」と　よ
ばれます。シルバーバックは
むれに　1とうだけで　リーダー
として、なかまを　まもります。

クイズのこたえ：うりぼう、うりんぼなど。
「シマウリ」という　やさいに　にているからなんだ。

オオアナコンダ

6～9m　さいだい227kg　10ねん

みずの　ちかくに　すむ、おおきな　ヘビです。
みずを　のみに　きた　いきものに
すばやく　まきついて　しめころし、
あたまから　まるのみします。

ぎゃ～～っ

したの　さきが
2つに　わかれて
いるね

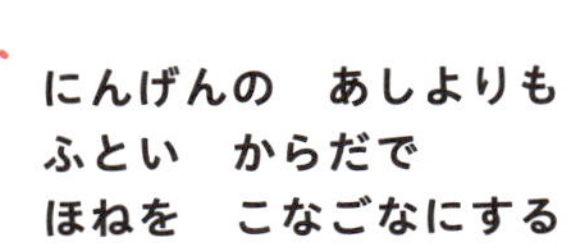

にんげんの　あしよりも
ふとい　からだで
ほねを　こなごなにする

おおきく
ひろがる　くち

セイウチ

さいだい3.56m（オス）
1.7t（オス）　30～40ねん

ぶあつい　ひふの　したに、おもたい
からだを　ささえる　きんにくが　あります。
そのパワーと　きばを　ぶきに、てきや
オスどうしで　たたかいます。

セイウチの　きば

いきをするため、こおりに　あなを
あけるときにも　つかいます。つえの
ように　ひっかけて、うみから　こお
りの　うえに　あがったりもします。

かたくて　しわの
ある　ひふ

オオハクチョウ

1.4～1.65m　10～15ねん

てきや　ほかの　むれの　オオハクチョウが　すに　ちかづくと、つばさを　たたきつけたり、かみついたりして　こうげきします。

クイズ

オオハクチョウの こどもの 「うもう」は はいいろ。○か×か？

こたえはこのページのしただよ

ニュルニュルニュル
よくのびる
やわらかい　ひふ
ながい　あしを
じゆうじざいに
あやつる
いろいろなものに
くっつく「きゅうばん」

ミズダコ

3m　3～5ねん

からだの　ほとんどが　しなやかな　きんにくで　できています。えものを　みつけたら、すばやく　あしの　きゅうばんで　とらえて　はなしません。

くいずのこたえ：○

7 あしがはやい！

とても　はやい　スピードで　えものを　おいかけて
つかまえたり、はんたいに　てきから　にげのびたりします。

かぜを　きる
ちいさい　あたま
クイズ
チーターの　つめの
ひみつは？
こたえはこのページのしただよ
からだつきが
すっきり
しているね
ながい　しっぽで
はしる　ほうこうを
すばやく　かえる
じめんを　しっかり
ける　つめ

チーター

1.1～1.5m　20～70kg　10～12ねん

りくの　いきものの　なかで　いちばん　はやく　はしる、
ネコの　なかまです。えものに　しのびよると、
くるまと　おなじ　スピードで　おいかけて　しとめます。

ながくは　はしれない

チーターは　ぜんしんを　バネにして　はしるので、すぐに
つかれて　ながくは　はしれません。だから、みじかい　じか
んで　はやく　はしって　えものを　つかまえるのです。

クイズのこたえ：ほかの　ネコの　なかまと　ちがって、つめが　ひっこまないよ。

ダチョウ

2.1～2.75m（オス）
120kg（オス） 40～50ねん

あしの　きんにくが　おおきく、じめんを　けりだす　ちからが　つよいです。ながい　じかん　はやく　はしって　てきから　にげたり、たべものを　さがしたりします。

おおきな　たまご

ダチョウは　せかいで　いちばん　おおきな　トリです。ダチョウが　うむ　たまごも　とても　おおきく、からが　あつくて　かたいです。

こどもの　かおより　おおきい

タッタカターッ
つよく　けりだせる　おおきな　なかゆび
バネのように　かろやかな　あしはこび

トムソンガゼル

80cm～1.1m
15～50kg 10～12ねん

そうげんで　たくさんの　なかまと　むれになって　くらしています。にくしょくの　いきものに　ねらわれても、ふりきるほど　はやく　はしることが　できます。

サラブレッド

かたまでのたかさ 1.58～1.65m
24～25ねん

ウマの　なかまで　いちばん　はやく　はしります。
にんげんを　のせて　はしる　はやさを　きそう
「けいば」という　スポーツで　かつやくしています。

クイズ
サラブレッドは
どこで　うまれた
ウマ？
こたえはこのページのしただよ

パカラッ
パカラッ

あしの　さきに
がんじょうな
ひづめが　ある

オグロヌー

1.7～2.4m
140～290kg

たくさんの　なかまや
シマウマ、
トムソンガゼルと
おおきな　むれになり、
とおくまで　いどうします。
たいぐんで　かわを
わたることも　あります。

ハンドル
みたいな
つの！

ほねばった
ほそい　あし

クイズのこたえ：イギリス

たてがみのような　くろい　け

タテガミオオカミ

95cm～1.32m　20～26kg　6～8ねん

すらりと　ながい　あしを　もち、
とても　はやく　はしることが
できます。しげみの　なかを　はしって
えものに　すばやく　ちかづきます。

クイズ
タテガミオオカミは
オオカミの　なかま。
○か×か？
こたえはこのページのしただよ

くろい
くつしたを
はいている
みたい！

ちからづよい
うしろあしで
とびはねる

オグロジャックウサギ

46～63cm　4kg　1～5ねん

みみも　あしも　ながい、おおきな
ウサギです。あしが　はやく、ジグザグに
はしったり、おおきく　ジャンプしたりするので、
てきは　なかなか　つかまえられません。

じょうぶな　からだ

イボイノシシ

1.05～1.52m　48～143kg　15ねん

てきに　おそわれたときに
もうスピードで　はしって　にげたり、
まっすぐ　とっしんして
するどい　きばで　たたかったりします。

クイズのこたえ：×。キツネに　ちかい　なかまだよ。

8 あつさ・さむさが へっちゃら！

きびしい　あつさや　さむさに　たえられる
つよい　からだを　もつ　いきものが　います。

こぶは　1つ
すなぼこりが
めに　はいりにくい
ながい　まつげ

たべものの　かわり

ラクダの　こぶの　なかには、「しぼう」という　えいようの　ある　あぶらが　はいっています。たべものが　すくないときに、しぼうを　からだに　とりこんで　いきのびます。

ヒトコブラクダ

3m
450～690kg　30～40ねん

さばくで　なんにちも　みずを　のまずに　すごせます。
「さばくの　ふね」と　よばれ、
にもつを　はこんだり、のりものになったりと、
にんげんの　やくに　たっています。

フタコブラクダ

3m　450～800kg
20～30ねん

からだは　ぶあつい　けがわに　おおわれ、
さばくの　よるの
ひえこみにも　たえられます。

こぶは　2つ
あしの　はばが　ひろく
すなに　しずみにくい

アラビアオリックス

1.6m
35～75kg

むれで　さばくを　いどうしながら　くらしています。
しろい　からだは　たいようの　ひかりを　はねかえし、
ねつが　つたわりにくくなっています。

ドジョウ

20cm

おがわや　ぬま、たんぼの　そこに
すんでいます。なつは　きびしい　あつさに　たえ、
ふゆは　どろの　なかに　ふかく　もぐって
「とうみん」します。

たべものを　さがす　くちひげ

おおきくて
ながい
りっぱな
はな！

したむきの
おおきな　はな

サイガ

1.08～1.46m
21～51kg　5～12ねん

ふゆは　とても　さむくなる、
かわいたところに　すんでいます。
おおきな　はなは、すいこんだ
つめたい　くうきを　あたためて
しめらせる　はたらきが　あります。

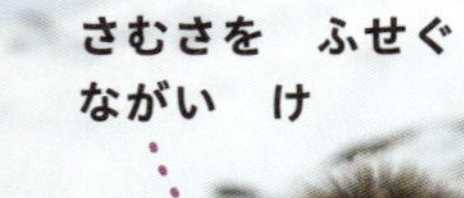
さむさを　ふせぐ
ながい　け

つのの　つけねが
あたまを　おおう

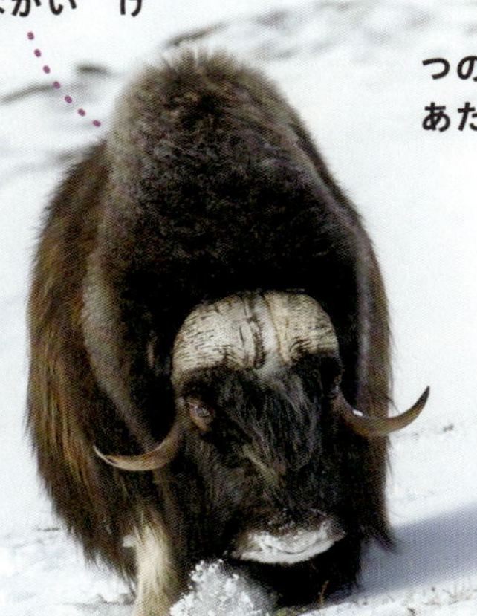

ジャコウウシ

1.9～2.3m
200～400kg　12～20ねん

すこしの　しょくぶつや
こけしか　はえない、
さむいところに　すんでいます。
ひづめを　つかって　ゆきの
なかから　しょくぶつを
ほりだして　たべます。

カシミアヤギ

かたまでのたかさ 48～55cm
25～60kg

さむさの　きびしい　やまの　うえに
すんでいます。からだを　おおう
ほそく　やわらかい　けが
あたたかさを　たもっています。

ふわふわで
さわりたく
なる！

アンゴラヤギ

かたまでのたかさ 40～50cm
25～60kg

さむいところに　すみ、くるくると
ちぢれた　けが　さむさを　ふせぎます。
けは　「モヘア」と　よばれます。

からだに　ためこんだ
しぼうが
あたたかさを　たもつ

おしくら
まんじゅう
みたい！

コウテイペンギン

1.15m　さいだい40kg　15～20ねん

ふゆは　なんきょくの　こおりの
うえで　すごします。きびしい　さむさに
たえるため、たくさんの　なかまと
あつまって　からだを　あたためます。

かわりばんこに　おせわ

コウテイペンギンの　こどもは　うまれて
から　うみに　はいれるようになるまで
2かげつくらい　かかります。そのあい
だ、おとうさんペンギンと　おかあさんペ
ンギンが　かわりばんこに　おせわします。

たべものを　もらう
コウテイペンギンの
こども

クイズ
シロイルカの
べつの　なまえは？
こたえはこのページのしただよ

シロイルカ

さいだい5.5m
900kg～1.4t　30～40ねん

ほっきょくの　つめたい
うみに　すんでいます。
あつさ　15cmの
しぼうの　おかげで、
つめたさも　へいきです。

すいすい

クイズのこたえ：ベルーガ

9 ジャンプりょく！

ジャンプりょくが　すごい　いきものは、きの　たかいところまで　かるがる　のぼったり、１ぽで　とおくまで　すすんだりします。

ピューマ

1.05～1.96m　67～103kg　10～15ねん

りくの　いきものの　なかで、いちばん　たかくまで　ジャンプできます。えものが　きや　がけの　うえに　いても、いっきに　とびかかって　しとめます。

ピョーン

くるまの　しんごうき　くらいの　たかさまで　とべる

ユキヒョウ

1～1.5m　27～54kg　13～15ねん

やまの　うえに　すんでいます。ゆきが　つもっていても　がけが　ごつごつしていても、すばやく　ジャンプして　えものを　おいかけます。

クイズ

カンガルーは　うしろに　ジャンプできる。

〇か×か？

こたえはこのページのしただよ

アカカンガルー

75cm～1.4m　22～85kg（オス）　10～15ねん

おおきな　うしろあしで、ジャンプするように　はしります。ふとい　しっぽで　からだを　ささえ、とびげりも　できます。

クイズのこたえ：×

すいぞくかんの
にんきもの！
ちからづよく
みずを　ける
おびれ

バンドウイルカ

さいだい3.9m　さいだい650kg　30～45ねん

「ハンドウイルカ」とも　よばれる、あたたかい　うみに
すむ　イルカです。うみから　たかく　とびあがり、
みずに　おちたときの　いきおいで
からだに　ついた　よごれを
おとします。

バルチスタンコミミトビネズミ

3.6～4.7cm
5g
3ねん

500えんだまに　のるほど　ちいさい、
ネズミの　なかまです。さばくに　すみ、
よるになると　とびはねながら
はしりまわります。

からだよりも
ながい　しっぽ

おおきな
4まいの　はね

つよい　あしで
きや　くさに
しがみつく

トノサマバッタ

3.5～4cm（オス）/ 4.5～6.5cm（メス）
せいちゅうご3かげつ～1ねん

うしろあしで　じめんを　ちからづよく
けりあげて　ジャンプします。そのまま
はばたいて　とおくまで　いどうします。

2ほんの
うしろあしを
そろえて　とぶ

10 かしこい！

あたまが　いい　いきものは、じぶんの　からだや
どうぐを　つかって　じょうずに　たべものを　とります。

ボルネオオランウータン

97cm（オス）
78～82kg（オス）
40～50ねん

いっしょうの　ほとんどを　きの　うえで
すごします。まいにち　ゆうがたになると、
えだや　はっぱを　つかって
じょうずに　ねどこを　つくります。

オランウータンの　いみ

きが　たくさん　はえている　しまに　すんでいる
ので、マレーシアの　ことばで「もりの　ひと」
という　いみの　なまえが　つけられました。

チンパンジー

70～96cm
26～70kg　40ねん

とても　あたまが　いい
サルです。
シロアリの　すに
えだを　さしこんで
くっついた　アリを　たべたり、
きのみに　いしを　うちつけて
からを　わったりします。

まえあしを　きように　つかう
まるで
にんげん
みたいだね

ボノボ

70〜82.8cm
27〜61kg　40ねん

チンパンジーの　なかまで、
たって　あるくことが　とくいです。
おもいやりが　あり、むれの
なかまだけでなく、はじめて　あう
あいてとも　たべものを　わけあいます。

クイズ

ボノボと　チンパンジー、
からだが　おおきいのは
どっち？

こたえはこのページのした++だよ

ハシボソガラス

50cm

くちばしと　あしで
じゃぐちを　ひねる

とても　あたまが　いい　トリです。
クルミや　カイを　たかい　ところ
から　おとして　わったり、
すいどうの　じゃぐちを　ひねって
みずを　のんだりします。

チョウチンアンコウ

4cm（オス）/ 60cm（メス）

あたまに　ちょうちんのような
ひかる　ひれが　ついています。
このひれを　こまかく　うごかして
えものを　さそいます。

ひれの　さきに　ある
きん（バクテリア）が
ひかっている

クイズのこたえ：チンパンジーのほうが　ひとまわりくらい　おおきいよ。

11 くいしんぼう！

にくを　たべたり、しょくぶつを　たべたり。
たべるものを　えらばないから　いきのびる　ちからが　あります。

モモイロペリカン

つばさをひろげたながさ 2.26～3.6m（めーとる）
15～25ねん

くちばしの　したに
「のどぶくろ」が　あります。
かわや　うみ、みずうみで
いろいろな　サカナ（さかな）を
すくいとって　たべます。

とってもおおきなくちばし！
よくのびる　のどぶくろ

おいこんで　つかまえる

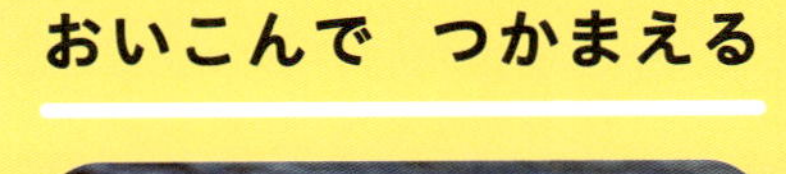

モモイロペリカン（ももいろぺりかん）は　むれで　サカナ（さかな）を　つかまえます。まず　サカナ（さかな）の　むれを　U（ゆー）の　かたちで　かこみ、あさいところまで　おいこみます。つぎに　わになって　にげみちを　ふさぎ、いっせいに　サカナ（さかな）を　すくいます。

クイズ（くいず）
タヌキ（たぬき）は　おどろくと
どうなってしまう？
こたえはこのページ（ぺーじ）のしただよ

タヌキ

50～60cm（せんちめーとる）
4～10kg（きろぐらむ）　8ねん

やまで　ちいさな　いきものや　ムシ（むし）を　たべて　くらしています。にんげんの　すむところに　おりてきて、はたけの　やさいや　ごみを　あさることも　あります。

クイズのこたえ：たおれて　しんだふりをするよ。

ドブネズミ

11～28cm
40～500g　2ねん

げすいどうや　ごみすてば、
だいどころなど　しめったところが
すきです。ちいさな　いきものや
にんげんが　だした　ごみを　たべます。

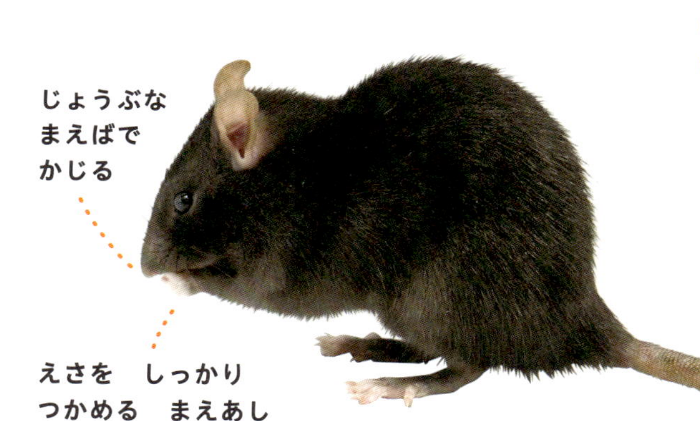
じょうぶな
まえばで
かじる
えさを　しっかり
つかめる　まえあし

きゅうに
でてきたら
びっくり！

クロゴキブリ

2.5～3cm
2ねん

くらくて　あたたかいところに
むれで　せいかつします。
たべかす、かべがみ、なかまの
ふん、なんでも　たべます。

たまごを　うんで
かずが　どんどん
ふえる

マアナゴ

1m

よるになると、たべものを
さがして　およぎまわります。
エビ、カニ、しんだ　サカナを　たべます。

コイの　いる　いけに
ちかづくと、
たべものが　もらえると
おもって　くちを　だす

パクパク

コイ

60cm
30～40ねん

とても　しょくよくが　あります。
みずの　そこの　しょくぶつや　カイ、
ちいさな　いきものを　たべます。

12 くさい！

からだから　でる　くさい　えきや　においで
てきを　おいはらう　いきものが　います。

シマスカンク

25～45.7cm
700g～2.5kg　2～4ねん

てきの　かおを　めがけて
とても　くさい　えきを　ふきつけます。
すいこむと　きもちわるくなり、
めに　はいると　めが
みえなくなります。

えきが　からだに
つくと、とても
ながい　じかん
においが　とれない

おしりの　あなの
よこから
くさい　えきを　だす

クイズ
シマスカンクは
どんなてきに
ねらわれやすい？
こたえはこのページのしただよ

ツメバケイ

62～70cm

きの　うえで　くらし、
はねが　あるのに　きから　きへ
あるいて　いどうします。
しょくぶつを　たべて　からだの　なかで
はっこうさせて　えいようにするので、
からだが　ウシの　うんちのような
においです。

クイズのこたえ：フクロウなどの　おおきな　トリ。
くさい　えきを　かけるまえに　つかまえられてしまうよ。

ちょっぴり
タヌキに
にているね

マレージャコウネコ

40～80cm　2.5～8kg　8～9ねん

おしりの　あなの　よこから　つよい　においの　えきを　だします。
このえきは　うすめると　いいにおいが　するので、こうすいの　ざいりょうに　なります。

こうきゅうな　コーヒー

ジャコウネコが　たべた　コーヒーまめは　うんちに　まざって、そのまま　でてきます。このまめには　いいにおいが　ついているので、あらって　かわかし、こうきゅうな　コーヒーまめ「コピ・ルアク」として　うります。

クサギカメムシ

1.3～1.8cm　1ねん

きけんを　かんじると
くさい　ガスを　だします。
ガスの　においで　てきを
おいはらったり、なかまに
きけんを　しらせたりします。

あしの　つけねから
ガスを　だす

クイズ
カメムシは
どんなあだなで
よばれることが　ある？
こたえはこのページのしただよ

クイズのこたえ：
ヘコキムシ、ヘッピリムシ、クサムシ など。

13 すばしっこい！

みがるな　からだの　いきものは、すばしっこく　うごきまわり　えものを　おいつめたり、つかまえたりします。

まえあしで　えものを　おさえつける

コビトマングース

15～30cm
230～700g　8ねん

すばしっこく　うごいて　トカゲや　サソリ、ムシを　おいつめ、つかまえます。トリの　たまごを　いわに　なげつけて、わって　たべることも　あります。

なかまと　きょうりょく

マングースは、じぶんで　ほった　あな、いわの　われめ、ふるい　シロアリの　すに　むれで　すんでいます。なかまと　きょうりょくして　かわりばんこに　みはりや　こそだてをします。

イイズナ

15～26cm
さいだい250g　1～2ねん

からだは　ちいさいですが
せいかくは　あらいです。
くさの　あいだを
すばやく　かけぬけ、
えものが　じぶんより
おおきくても　つかまえます。

ニョロン
ネズミの　すあなに
はいりこめる
ほそながい　からだ

うしろあしと
しっぽの　あいだにも
ひまくが　ある

ムササビ

27.2～48.5cm　700g～1.3kg　7～8ねん

よるになると、ひまくを　つかって
きから　きへ　とびうつり、
たべものを　さがします。

ヒューン

とびながら
バランスを　とる　しっぽ

まえあしと
うしろあしの
あいだに
ある　ひまく

タイリクモモンガ

15～16cm
100～120g　3～5ねん

きの　さけめや　キツツキの　あけた
あなの　なかに　すを　つくります。
ひまくを　はって　かぜに　のり、
きから　きへ　とびうつります。

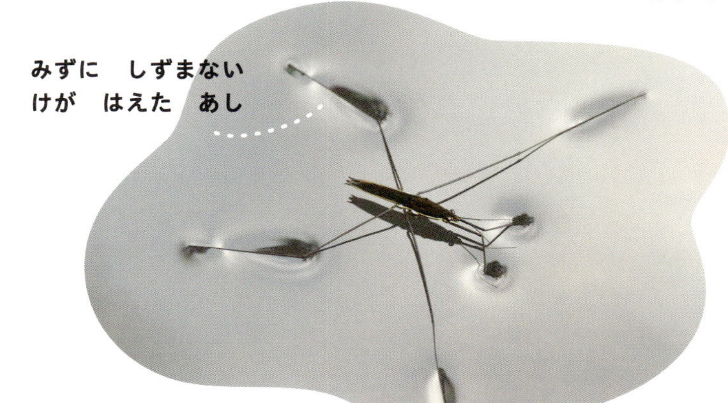
みずに　しずまない
けが　はえた　あし

アメンボ

1.1～1.6cm

みずの　うえに　ムシが　おちたときの
ちいさな　なみを　かんじとると、
すべるように　すばやく　ちかづき、
つかまえて　たべます。

14 おおよぎがはやい！

なめらかな　からだつきの　いきものは、すごい　はやさで
みずの　なかを　およぎ、えものを　つかまえます。

かおの　さきが
つるぎみたい

バショウカジキ

3m　4ねん

サカナの　なかで　いちばん
はやく　およぎます。
スピードを　だすときは
せびれを　たたみ、
からだを　ほそくします。
およぎを　とめるときは
せびれを　たてます。

せびれは　てきを
こわがらせるときも　つかう
えものを　おいつめる
うわあご

はっぱに　よくにた　せびれ

「バショウ」という　バナナの　なかまの
しょくぶつは　おおきな　はっぱを　つけます。そのはっぱに　せびれが　よくにている
サカナに　「バショウ」カジキという　なまえを　つけました。

ねるときも　やすまず
およぎつづける

クロマグロ

3m　20～30ねん

かたい　おびれで　みずを　つよく　かいて
とても　はやく　およぎます。たまごを
うむ　ばしょや　たべものを　もとめて、
むれで　ながい　じかん　およぎつづけます。

ビュン
ビュン
つばさを　うごかし、
ぐんぐん　はやくなる

クイズ
ジェンツーペンギンの
オスが　メスに
プレゼントするものは？
こたえはこのページのしただよ

ジェンツーペンギン

75cm　5kg　13ねん

ペンギンの　なかまで　いちばん　はやく
およぎます。えものを　みつけると、
つばさを　じょうずに　つかって
あっというまに　おいつきます。

みずかきのような
うしろあし

ゲンゴロウ

3.6〜3.9cm　2〜3ねん

けが　はえた　うしろあしを　うごかし、
じゆうに　およぎまわります。
およぎながら　ちいさな　サカナや
オタマジャクシ、しんだ　ムシを　さがします。

ときどき　おひっこし

ゲンゴロウは、いつもは　みずの　なかを　およいでいますが、はねが　はえているので　とぶことも　できます。たべものが　すくなくなると、ほかの　いけや　たんぼに　とんでいきます。

おおきな
あごで
かじりとる

クイズのこたえ：きれいな　こいし

15 きのぼりめいじん！

あしや　しっぽを　きように　つかって、きの　たかい
ところに　のぼる　いきものが　います。

ニホンザル

47～61cm
8～15kg　20ねん

やまの　なかで、むれで　くらしています。
まえあしが　とても　きようで、えだを
じょうずに　にぎって　きを　のぼります。

ものを　つかみやすい
ひらたい　ゆびの　つめ

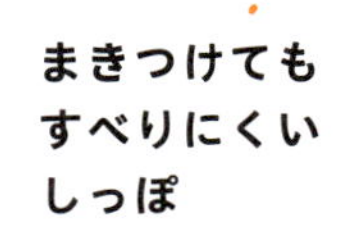

まきつけても
すべりにくい
しっぽ

ブラ～ン

さむさに　まけない

ニホンザルは、ふゆに　とても　さむくなるところに　すんでいます。ふゆになると、なかまどうしで　からだを　くっつけたり、おんせんに　はいったり、ひなたぼっこをしたりして　からだを　あたためます。

アカクモザルの
「クモ」って
なんのこと？
こたえはこのページのしただよ
クイズ

アカクモザル

33.5～58.2cm　5～9kg

「ジェフロイクモザル」とも　よばれる、
あしと　しっぽが　とても　ながい
サルです。もりの　きの　うえで　くらし、
しっぽを　きに　まきつけながら
くだものを　さがしまわります。

クイズのこたえ：いとを　はる　クモ

ガリガリガリッ
ほっそり
してるのに
ちからもち！

きに　ひっかけられる
するどい　つめ

ジャガー

1.12～1.9m
45～113kg　15ねん

もりや　かわの　ちかくに　すんでいます。
きのぼりや　およぎが　とくいで、きの　うえに
にげた　えものを　おいかけたり、
かわで　サカナを　とったりします。

ヒョウ

91cm～1.91m
28～90kg　15ねん

からだが　とても　しなやかで、
ジャンプや　きのぼりが　とくいです。
えものを　つかまえると、ほかの　いきものに
とられないよう　きの　うえまで
ひっぱりあげてから　たべます。

きの　うえに
かるがる　のぼる

16 すごいつの！

かたく　おおきな　つのを　ぶつけて、てきを　はねのけたり、なかまどうしで　たたかったりします。

えだわかれした
おおきな　つの
ゆきの　うえを
あるきやすい
ひらたい　ひづめ

クイズ

つのが　ながい
トナカイは
オス？　メス？
こたえはこのページのしただよ

トナカイ

1.2～2.2m　60～318kg
8ねん（オス）/ 12ねん（メス）

「カリブー」とも　よばれる、さむいところに　すむ　シカです。オスも　メスも　つので　ゆきを　かきわけて　こけや　くさを　たべます。オスの　つのは　たたかうための　ぶきにも　つかわれます。

つのが　はえかわる

トナカイの　つのは、しぬまで　なんども　はえかわります。オスは　あきから　ふゆ、メスは　はるから　なつの　あいだに、ふるい　つのが　とれます。やがて　かわに　つつまれた　つのが　はえ、ながく　りっぱに　のびていきます。

つのを　つつむ　かわは　はがれおちる

クイズのこたえ：オス

ふとく　ながい
つのが
うしろに
そりかえる

アルプスアイベックス

55cm ～1.35m　40～120kg

メスを　めぐって　オスどうしが　たたかいます。
つのの　おおきさを　きそいあい、けっちゃくが
つかなければ　うしろあしで　たちあがって
あたまを　ふりおろし、こうげきします。

やわらかい　あしのうら

アイベックスの　なかまは、ごつごつした　いわが　ある　やまに　すんでいます。ひづめの　うちがわは　やわらかいので、けわしい　がけを　じょうずに　のぼれます。

グイ　グイッ

あげたり
さげたり
できる　つの

ちからづよい　あしで
しっかり　ふんばる

カブトムシ

2.3～8.8cm　せいちゅうご 120にち

カブトムシの　オスは
メスや　きの　しるを　めぐり、
ほかの　カブトムシや
クワガタムシと　たたかいます。
つのを　あいての　からだの　したに
いれて　はねとばします。

17 するどいはさみ・かま！

2ほんの　まえあしが　はさみや　かまになっている
いきものが　います。

きんにくが　ぎっしりで
つよく　はさめる
かたい　こうらで
おおわれた　からだ

ベニズワイガニ

12cm（オス）/ 6.1cm（メス）
20ねん

おおきな　はさみで　カイや
サカナを　とらえると、
じょうずに　はさんで
くちへ　はこびます。てきを
こうげきするための　ぶきにもなります。

アメリカザリガニ

10cm

ふとく　がっしりとした　はさみを　もちます。
みずくさを　ひきちぎったり、
ほかの　いきものを　つかまえたりして
なんでも　たべます。

はさみを　ふりあげて
てきを　おどかす

はさみの　うちがわは
ギザギザしている

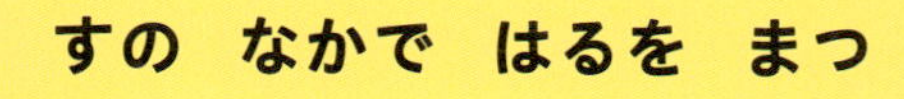

すの　なかで　はるを　まつ

アメリカザリガニは　たんぼや　いけの　つちに　あなを　ほって　すを　つくります。ふゆの　あいだは　すの　なかで　じっとすごし、あたたかい　はるに　うごきだします。

バリバリ
あたまを
よくうごかし、
えものを　さがす
えものを　つかんで
バリバリたべる

カマキリ

6.5～9cm

まえあしが　かまみたいです。
うちがわに　するどい　とげが　あり、
つかまえた　えものを　のがしません。

クイズ
カマキリの　めは
くらいところだと
なにいろになる？
こたえはこのページのしただよ

チュー
はりのような　くち
えものを　しっかり
つかむ　つよい　あし

タガメ

4.8～6.5cm
1ねん

ふとい　まえあしに
かぎづめが　ついています。
みずの　なかで　サカナや
カエルを　つかまえて
からだの　しるを　すいます。

クイズのこたえ：くろ

18 ふしぎなからだ！

かたかったり、とげとげだったり、ふしぎな　もようだったり。
てきを　おどろかせる　からだを　もつ　いきものが　います。

カメの　こうらを
せおっている
みたいだね
あたまと　しっぽで
すきまに　ふたをする
ボールのように
まるくなる

ミツオビアルマジロ

35～45cm　1.4～1.6kg

あたまや　せなかの　はだが
とても　かたくなっています。
てきに　おそわれると、
おなかを　かまれないように
すばやく　からだを　まるめます。

ながい　したで
シロアリを　なめとる

マレーセンザンコウ

40～64cm　8kg

からだが　うろこで　おおわれています。うろこが　とても
かたいので、からだを　まるめると　するどい　きばを　もつ
いきものに　おそわれても　へいきです。

くるん

まつぼっくりのような　かたい　うろこ

けが　かたくなって　できた　はり

アフリカタテガミヤマアラシ

60～90cm
5～15kg
15ねん

からだから　ながく　するどい
はりが　たくさん　はえています。
てきに　おそわれると、はりを
さかだてて　こわがらせたり、
うしろむきに　とっしんして
はりを　つきさしたりします。

バサーッ

クイズ

クジャクは
よる　ねむるとき
どこに　いる？
こたえはこのページのしただよ

たくさんの
めだまもよう

インドクジャク

1.8～23cm（オス）/
90cm～1m（メス）
20ねん

オスは　おおきく　いろあざやかな、かざりの　はねを　もちます。
このはねを　ひろげて　メスに　けっこんを　もうしこんだり、
てきを　おどかしたりします。

けんかのときは
あしで　けりとばす

クイズのこたえ：きのうえ

さゆう　べつべつに
うごかせる
め
きに
まきつけられる
しっぽ

パンサーカメレオン

50〜60cm（オス）/ 30cm（メス）

まわりの　いろや　あかるさ、じぶんの
きもちに　あわせて　からだの　いろが
かわります。てきが　あらわれると
えだや　くさの　ふりをして　かくれたり、
あざやかな　いろになって
こわがらせたりします。

バネのような　した

カメレオンの　したは　とても　ながく、いつもは
ぎゅっと　ちぢんでいます。えものを　みつけると、バネのように　いきおいよく　のびて　えものに　くっつきます。したは　ベタベタしているので、えものは　にげられず、そのまま　たべられてしまいます。

かたい　こうらを
せおっている
かたいものを
くだく　くち

アカウミガメ

1m

180kg　70〜80ねん

うみの　なかを　およいで
くらしています。ひれのような
おおきな　まえあしで
とても　はやく　およぎます。

パッカーン！
あたまから　6ぽんの
しょくしゅを　だす

いつもは
てんしみたい
だね
すきとおった
からだ

ハダカカメガイ

1～2cm

「クリオネ」とも　よばれます。
つばさのような　あしを　うごかして
つめたい　うみの　なかを　およぎます。
えものを　みつけると、
あたまの　しょくしゅを
のばして　つかまえます。

えものを　さがす　レーダー

デンキウナギは　よるになると　えものを　さがして　およぎだします。くらくて　よくみえないので、レーダーのように　つかえる、よわい　でんきを　ながします。まわりに　なにが　あるのか、えものが　どこに　いるのかが　わかります。

デンキウナギ

2.5m

からだから、ウマや　ワニが　きぜつするほどの
つよい　でんきを　だすことが　できます。
でんきで　えものを　しびれさせて　つかまえたり、
てきを　こうげきしたりします。

ハナカマキリ

3.5cm（オス）/ 7cm（メス）

せいちゅうご 1かげつ

はっぱの　うえで　はなに　なりきって
ほかの　ムシを　まちぶせします。
はなの　ミツを　すいにきた　ムシを
まえあしの　かまで
すばやく　とらえます。

はなのように
きれいな
メスの　からだ

ちからづよい
まえあしの
かま

クイズ

ハナカマキリの
オスと　メスは
そっくり。○か×か？
こたえはこのページのしただよ

おじさんの
かおに
そっくり！

ジンメンカメムシ

26cm

「ジンメン」は　にんげんの　かおのこと。
はねの　もようが　にんげんの　かおのように
みえるので、このなまえが　つきました。
めだつ　もようで　てきを　おいはらうと
かんがえられています。

クイズのこたえ：×。オスの　からだは　ちゃいろや　みどりっぽいよ。

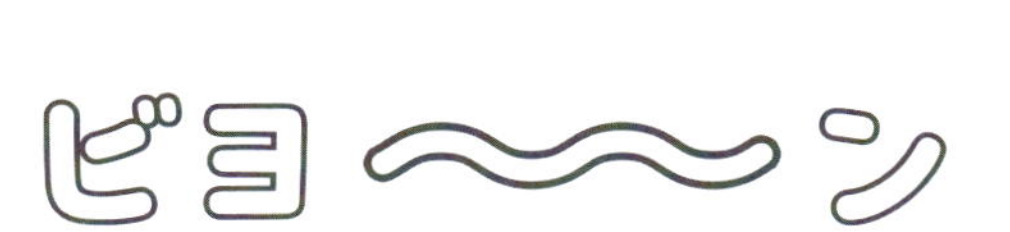
ビヨ〜〜ン

まえあしが
はさみみたいに
みえるね！

からだ　2つぶんくらいの
ながさの　まえあし

いとの　ゆれで　えものが
どこに　かかったか　さがしだす

テナガカミキリ

8cm

オスは　とても　ながい　まえあしを
もちます。てきの　あしに　ひっかけて
なげとばしたり、たまごを　うんでいる
メスを　つつみこんで
まもったりするのに　つかわれます。

ジョロウグモ

6mm～1.3cm（オス）/ 1.5～3cm（メス）　1ねん

すに　からまった　ムシを　たべます。
えものが　すに　かかったら、どくの
ある　きばで　かみついて　うごけなくします。
そして　いとで　ぐるぐるまきにして、
じかんを　かけて　たべます。

およぐための
ひれのような　あし
うみの　そこを
あるくための　あし

ダイオウグソクムシ

45cm　さいだい1.7kg

せかいで　いちばん　おおきな
ダンゴムシの　なかまです。
しんだり、よわったりしている
いきものを　つかまえて　たべますが、
あまり　たべなくても
ながい　あいだ　いきていられます。

クイズ
ダイオウグソクムシの「グソク」って なんのこと？
こたえはこのページのしただよ

カブトガニ

50cm（オス）/ 60cm（メス）

おおむかしから
みためが　かわらない、
「いきた　かせき」と　よばれる
いきものです。うみの
あさいところを　あるいて、
どろの　なかに　かくれた
カイを　つかまえて　たべます。

あおむけで　およぐ

カブトガニは　どろの　なかを　すいすい
あるけます。うみの　なかを　およぐことも
できます。およぐときは　あしを　うえに
むけて　せおよぎします。

おわんがたの
かたい　からだ
つるぎのような
するどい　しっぽ

クイズのこたえ：よろいかぶと

おおむかしの いきもの

にんげんが　うまれるより
ずっと　まえから　ちきゅうには
いきものが　いました。
おおむかしに　どんなつよい
いきものが　いたのか
みてみましょう。

するどいは！

とがった　はで　えものに　かみつく
いきものが　いました。

えものを　みつけやすい、
まえを　むいた　め

ふちが
ギザギザの　はで
にくを　ひきちぎる

うもうが　はえていたと　かんがえられている

えものを
おさえつける
ふとい　あし

ズシン
ズシン

ティラノサウルス

12～14m

きょうりゅうが　いたころに、いちばん
つよかったと　かんがえられています。
えものを　ほねまで　かみくだくほどの、
するどく　じょうぶな　はを　もっています。

トリになった　きょうりゅう

しんかの　とちゅうで、トリの　はねのような
うもうを　もつ　きょうりゅうが　あらわれまし
た。たくさんの　きょうりゅうが　ぜつめつしま
したが、うもうを　もつ　きょうりゅうの　いく
つかが、トリに　しんかして　いきのこりました。

クイズ

ティラノサウルスの
なまえは
どんないみ？
こたえはこのページのしただよ

クイズのこたえ：あばれんぼうトカゲ

かたくなった　ひふで
できた　とげ
にくを
かみきる
するどい　は
クイズ
カルノタウルスの
ひふの　あとが　ついた
かせきが　のこっている。
〇か×か？
こたえはこのページのしただよ
まえあしが
すごく
みじかい！
あしの
きんにくが
つよく、
はやく
はしれた

ケラトサウルス

4.6〜6m

3ぼんの　みじかい　つのを　もち、
せなかに　とげが　ならんでいました。
うわあごの　はが　するどくて
ながいので、きれあじが　よかったと
かんがえられています。

カルノタウルス

8m

かおの　ながさが　みじかく、
ウシのような　2ほんの
つのが　ありました。
ほかの　きょうりゅうを　おそって
にくを　たべていました。

こまかい　はで
えものを　しっかり
つかまえる
くびの　ほねが
70こより　おおい
ふねを　こぐ
「オール」のような　あし

コンプソグナトゥス

1m

とても　ちいさな　きょうりゅうです。するどく　とがった　こまかい　はで　トカゲなどを　つかまえていました。

エラスモサウルス

14m

うみに　すむ、くびの　ながい　きょうりゅうです。じゆうに　くびを　うごかし、するどい　はで　イカや　タコの　なかまを　つかまえて　たべていました。

アロサウルス

8～10m

おおきな　くちに、するどく　うすい　ナイフのような　はが　ならんでいます。このはで　えものの　にくを　きりさいたと　かんがえられています。

するどい　つめの　ある
3ぼんの　ゆび

おおきく
ひらく　くち
ワニみたいな
あたまだね！

モササウルス

さいだい 17m

うみに　すんでいた、トカゲや　ヘビに　ちかい
なかまです。じょうぶな　はを　もち、うみの　いろいろな
いきものを　かみくだいて　たべていました。

ながいくちばし！

くちばしで　えものを　じょうずに
つかまえる　いきものが　いました。

つばさを　ひろげて
かぜに　のって　とぶ
まるのみにして
さかなを　たべる

プテラノドン

つばさをひろげたながさ 7m

そらを　とぶ、
トカゲに　ちかい　なかまです。
くちばしには　はが　なく、
うみの　みずを　すくうようにして
サカナを　つかまえていました。

かたいからだ！

いしのように　かたい　からだを
もつ　いきものが　いました。

ほねが　かたまった
おおきな　こぶ

てきの　きばも　へいきな、
よろいのような　からだ

さんかくけいの
するどい　とげ

アンキロサウルス

7～8m

ほねで　できた　こぶが
せなかを　おおっていました。
ハンマーのような　しっぽを　ふりまわして
てきと　たたかっていました。

ぶあつい
あたまの　ほね

パキケファロサウルス

5～8m

おわんのように　まるくて　かたい
いしあたまを　もちます。あたまを
おしつけて　なかまと　ちからくらべをしたり、
てきから　みを　まもったりしていたと
かんがえられています。

サウロペルタ

7～8m

くびと　かたに　かたく　おおきな　とげが　あり、
てきから　みを　まもっていたと
かんがえられています。

おおきいからだ！

おおきく　たくましい　からだを
もつ　いきものが　いました。

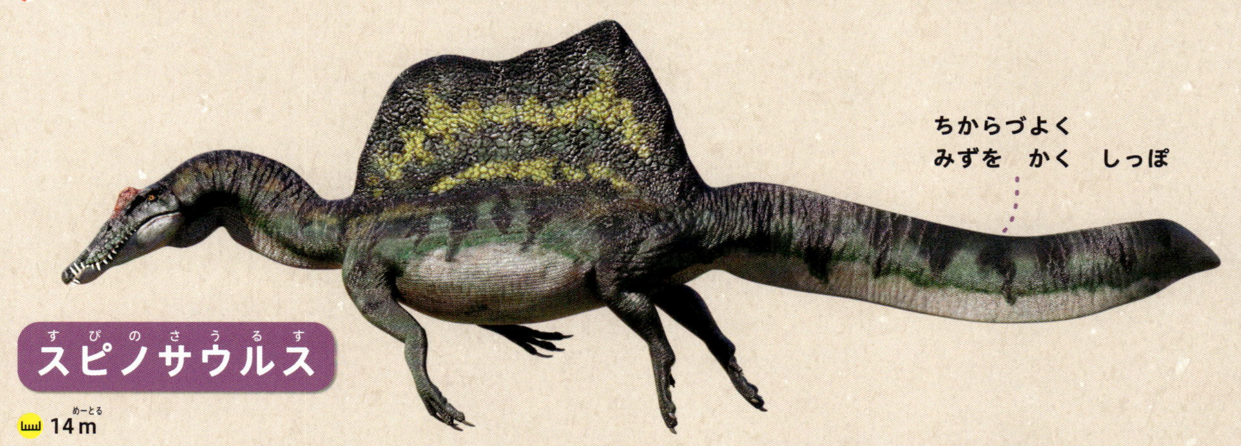
ちからづよく
みずを　かく　しっぽ

スピノサウルス

14m

ほそながい　おおきな　からだをしています。
みずの　なかを　うごきまわり、サカナを
すばやく　つかまえて　たべていました。

ケナガマンモス

かたまでのたかさ 2.9m

きょうりゅうが　ぜつめつしたあとに
いきていた、ゾウの　なかまです。
とても　からだが　おおきく、
ながい　きばも　ありました。

さむさに　たえられる
ながい　け

ケツァルコアトルス

つばさをひろげたながさ さいだい12m

ひろげると　おおがたバス
１だいぶんくらいの
おおきな　つばさを　もっていました。

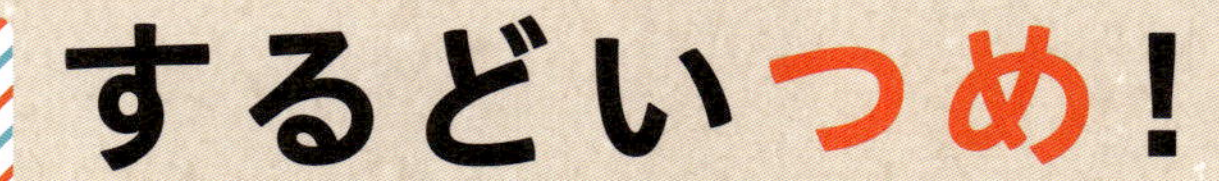
するどいつめ！

つめを　じょうずに　つかう
いきものが　いました。

テリジノサウルス

8〜11m

まえあしに　ながく　するどい　つめが　あります。
しょくぶつを　ちかくに　ひきよせたり、
てきを　こわがらせたりして
つかっていたと　かんがえられています。

おもたい　おなか

テリジノサウルスは、おおきな　おなかを
していたので、すばやく　うごくのが　に
がてだったと　かんがえられています。

すばやく　うごける
みがるな　からだ

あいてを
つきさしやすい
かぎづめ

ヴェロキラプトル

1.8m

まえあしに　つばさが　ついていました。
うしろあしの　かまのような　かぎづめで
えものを　つかまえていたと
かんがえられています。

すごいつの！

つので　おそれず　たたかう
いきものが　いました。

するどい　つのを
てきに　つきさす
くびを　まもる
おおきな　ほね
かたい　くちばし

トリケラトプス

8～9m（めーとる）

かおに　３ぼんの、
とても　おおきな　つのが　あります。
なかまどうしや　てきと
たたかうときに、
あたまから　とっしんして
こうげきしていました。

あしがはやい！

はやく　はしり、てきから
にげのびる　いきものが　いました。

オルニトミムス

3～5m（めーとる）

ながい　うしろあしを　もち、とても　はやく
はしることが　できたと　かんがえられています。
ながい　しっぽは　はしるときに
バランスを　とるのに　やくだちました。

クイズ
オルニトミムスは
なにきょうりゅうと
よばれることが　ある？
こたえはこのページのしただよ

クイズのこたえ：ダチョウもどきりゅう。ダチョウに　にているからだよ。

監修 小宮輝之（こみや・てるゆき）

明治大学農学部を卒業後、多摩動物公園の飼育係として奉職。同園、恩賜上野動物園の飼育課長を経て、2004年から2011年まで恩賜上野動物園園長を務める。『つれてこられただけなのに 外来生物の言い分をきく』（偕成社）、『うんちくいっぱい 動物のうんち図鑑』（小学館）、『最強生物大百科』シリーズ（Gakken）、『せかいの国鳥 にっぽんの県鳥』（カンゼン）など、監修書・著書多数。

参考文献
『小学館の図鑑NEO+ぷらす くらべる図鑑』小学館
『小学館の図鑑NEO［新版］動物』小学館
『学研の図鑑LIVE 新版 動物』Gakken
『学研の図鑑LIVE 鳥』Gakken
ナショナルジオグラフィック日本版,
https://natgeo.nikkeibp.co.jp/
東京ズーネット,https://www.tokyo-zoo.net/

STAFF

表紙・本文デザイン
八木孝枝

イラスト
イケマリコ

校正
本郷明子

編集
株式会社スリーシーズン（竹田知華）
朝日新聞出版 生活・文化編集部（上原千穂）
山根聡太

写真
アフロ、アマナ、PIXTA

はぐくむずかん
つよい いきもの

2025年2月28日 第1刷発行

編　著　朝日新聞出版
発行者　片桐圭子
発行所　朝日新聞出版
〒104-8011　東京都中央区築地5-3-2
（お問い合わせ）
infojitsuyo@asahi.com
印刷所　大日本印刷株式会社

ISBN 978-4-02-333427-4

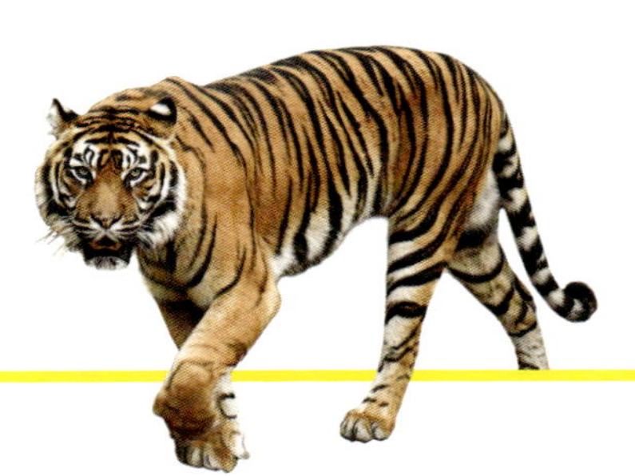

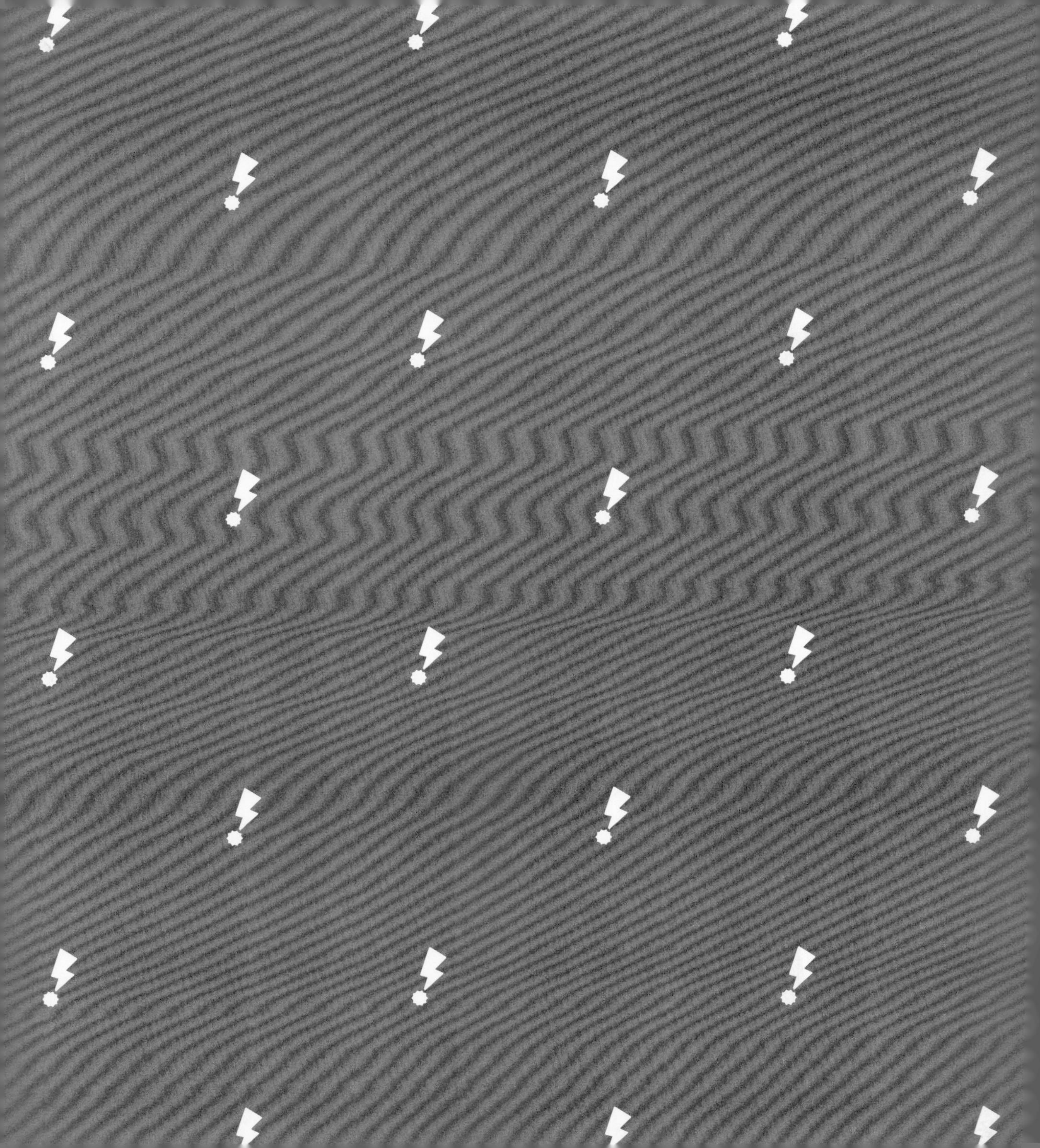